U0818179

输变电工程施工质量要点手册

变电土建工程

国网上海市电力公司　组编

中国电力出版社
CHINA ELECTRIC POWER PRESS

图书在版编目（CIP）数据

输变电工程施工质量要点手册．变电土建工程 / 国网上海市电力公司组编．— 北京：中国电力出版社，2022.10

ISBN 978-7-5198-7150-5

Ⅰ．①输… Ⅱ．①国… Ⅲ．①输电－电力工程－工程施工－工程质量－技术手册②变电所－土木工程－工程施工－工程质量－技术手册 Ⅳ．① TM7-62 ② TM63-62

中国版本图书馆 CIP 数据核字（2022）第 191963 号

出版发行：中国电力出版社
地　　址：北京市东城区北京站西街 19 号（邮政编码 100005）
网　　址：http://www.cepp.sgcc.com.cn
责任编辑：周秋慧（010-63412627）
责任校对：黄　蓓　于　维
装帧设计：张俊霞
责任印制：石　雷

印　　刷：三河市万龙印装有限公司
版　　次：2022 年 10 月第一版
印　　次：2022 年 10 月北京第一次印刷
开　　本：880 毫米 ×1230 毫米　32 开本
印　　张：1.75
字　　数：48 千字
印　　数：0001—3000 册
定　　价：19.00 元

编委会

主　任　朱　纯
副主任　楼晓东

编写组

主　编　郑伟华
副主编　林　坚　陈　晨

编写组成员

国网上海市电力公司
奚丕奇　陈　晨　陈婷玮　黄小龙

上海送变电工程有限公司
黄　波　蒋本建　仇志斌　肖　敏

华东送变电工程有限公司
鲁　飞　王　涛

上海久隆电力（集团）有限公司
朱　佳　沈　泓

上海新泰建筑工程有限公司
凌　晨

国网上海市电力公司党校（培训中心）
李晓莉　王诗婷

前 言

为贯彻“百年大计、质量第一”方针，弘扬“精益求精、追求卓越”的工匠精神，针对施工现场可能发生人身事故和质量问题的主要危险点和易发人群，普及基本安全质量教育，统一工艺标准，规范施工流程，国网上海市电力公司组织有关单位编制《输变电工程施工质量要点手册》。

该系列手册包括《变电电气工程》《变电土建工程》《线路工程》《电缆工程》四个分册，主要面向参加输变电施工工程建设，又缺乏现场经验的各类人员，主要包括初入职的学生、劳务作业人员等。手册以安全规章、施工验收规范为框架，辅以有关制度，对施工质量要点进行全面梳理和总结，在内容上力求通俗易懂，努力体现“主要”“常见”“现场”三个特点。

本分册为《变电土建工程》，内容主要参考《国家电网有限公司输变电工程标准工艺　变电工程土建分册》等。旨在提高变电土建工程的质量管理水平，促进施工质量的提高，满足其检查、验收和质量评定的需要。

鉴于编者水平有限，书中难免存在疏漏之处，敬请读者批评指正。

编者

2022 年 7 月

目 录

第 1 章　变电站常用桩基础

一、预应力高强度钢筋混凝土管桩

（1）根据桩的密集程度，打桩可采用自中间向两个方向对称进行、自中间向四周进行、自一侧向单一方向进行；根据基础的设计标高，宜先深后浅；根据桩的规格，宜先大后小，先长后短。

（2）用静压法施工时，要认真记录桩入土深度和压力表读数关系，以判断桩的质量及承载力。

（3）接桩时，应确保上、下节桩接口的间隙和对接符合规范要求，同时保证两节桩处于同一中心线。端板焊接处用钢丝刷清理污垢、油脂及泥土等杂物。

（4）焊接时先用电焊在坡口圆周上均匀对称点焊 4~6 点，待上下节桩固定后，再正式由两名焊工在桩两侧对称、分层、均匀、连续地施焊，一般焊接层数不少于 2 层，焊缝应饱满连续，待焊缝自然冷却后，始可继续沉桩。若采用二氧化碳气体保护焊，必须采取有效的防雨挡风措施。PHC 管桩沉桩如图 1-1 所示。

图 1-1　PHC 管桩沉桩

（5）施工过程中测量记录包括桩对位偏差，桩垂直偏差，桩入土每米锤击数、总锤击数，桩最后三振贯入度，桩顶偏差（送桩前），桩顶标高及与设计值的差值。

二、钢筋混凝土灌注桩

（1）钻机就位前，先平整场地，铺好枕木并用水平尺校正，保证钻机平稳、牢固。在桩位埋设 6 ~ 8mm 厚钢板护桶，内径比孔口大 100 ~ 200mm，埋深 1 ~ 1.5m，同时挖好水源坑、排泥槽、泥浆池等。

（2）钻孔灌注桩正式施工前应进行试成孔，以便选择合适的成桩工艺。

（3）钻孔灌注桩以泥浆护壁成孔时，钻孔内泥浆面应始终保持高于地下水位以上。泥浆宜选用塑性指数高黏性土制备，或选用膨润土，必要时添加外加剂提高泥浆的性能。

（4）当灌注桩孔深达到要求后，立即进行第一次清孔。在下放钢筋笼及导管安装完毕后，灌注混凝土之前，应进行第二次清孔。灌注桩的清孔如图 1-2 所示。

图 1-2　灌注桩的清孔

（5）钻孔灌注桩钢筋笼的制作应符合设计图纸的要求，主筋净距应大于混凝土粗骨料粒径 3 倍以上；加强箍筋宜设在箍筋外侧，主筋一般不设弯钩；钢筋笼的内径应比导管接头外径大 100mm 以上。

（6）钢筋笼的安放应吊直扶稳，对准桩孔中心，缓慢放下。钢筋笼吊装如图 1-3 所示。

图 1-3　钢筋笼吊装

（7）二次清孔结束后应在 30min 内浇筑混凝土，若超过 30min，应复测孔底沉渣厚度。

（8）混凝土浇筑应使用导管，导管内径宜为 200~300mm。导管可采用丝扣或法兰盘连接，施工前导管应试拼接和试压，以保证连接后整根导管垂直，使用时不破不漏。

（9）浇筑混凝土前，应在导管内于泥浆面以上吊装隔水塞。

（10）混凝土浇筑应连续进行，因故中断时间不得超过混凝土初凝时间。在同一根桩只能用一种品牌等级的水泥。

（11）桩顶混凝土实际灌注高度，应保证凿除桩顶浮浆后达到设计标高时的混凝土符合设计要求。

第 2 章　构筑物基础工程

（1）开挖中应对基底标高、基坑轴线、边坡坡度等进行复测，并及时排除积水，确保不超深且基底土质开挖时不受扰动。开挖完成后，应组织相关人员（勘察单位、设计单位、施工单位、监理单位）进行验槽，并做好记录。

（2）按照基坑轴线位置，安装混凝土垫层模板，浇灌混凝土垫层。混凝土垫层浇捣应密实、平整，厚度应符合设计要求。构支架基础垫层施工如图 2-1 所示。

图 2-1　构支架基础垫层施工

（3）根据图纸等设计文件进行钢筋翻样，确定钢筋规格、型号、尺寸、形状，在制作棚内统一加工成型，运至现场。利用控制桩定出施工控制线、基础边线，复查垫层标高及中心线位置，无误后，绑扎基础钢筋。钢筋安装、绑扎完成经验收合格后，应办理钢筋隐蔽工程验收记录。基础钢筋绑扎如图 2-2 所示。

（4）构支架基础模板及其支架应根据结构形式、荷载大小、地基土类别、施工设备及材料供应等条件进行设计，符合有关强度、刚度、稳定性要求。构支架基础自下往上安装各层外侧模板及支架，并进行固定。模板表面须涂刷隔离剂。杯芯模板采用木模拼装或采用定型钢模。

（5）构支架基础浇筑混凝土时，为防止杯芯模板向上浮或向四周偏

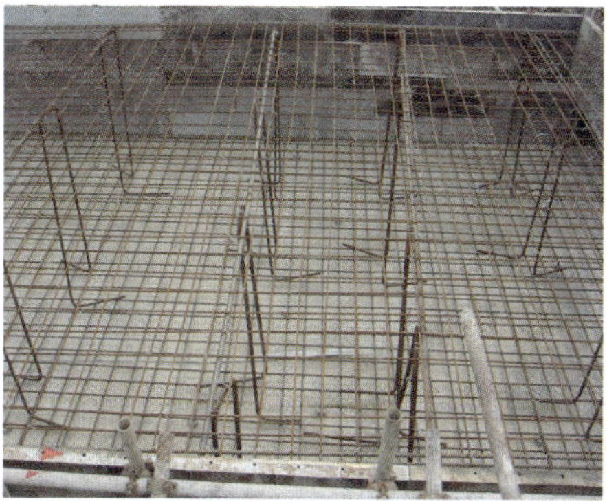

图 2-2　基础钢筋绑扎

移，需注意控制混凝土坍落度及下料速度。当混凝土浇到高于第一层外模板 50mm 左右时，稍做停顿。接着在杯芯四周对称均匀下料振捣，第二层混凝土浇筑应在底层混凝土终凝前完成，终凝后一天后进行杯芯凿毛。

（6）混凝土振捣采用插入式振捣器施工，插入间距不大于 400mm，振捣上层混凝土时，振动棒应插入下层混凝土 30~50mm。

（7）应在混凝土浇筑完毕后的 12h 内加以复盖，进行保湿养护，浇水养护时间不少于 7 天，并设专人检查落实。

构支架基础的成品如图 2-3 所示。

图 2-3　构支架基础的成品

第 3 章　钢筋混凝土框架结构施工

一、钢筋工程

1. 钢筋制作

必须使用经试验合格的钢筋，钢筋规格代换须遵循等量代换的原则，经设计单位计算、复核同意后实施。钢筋弯钩和弯折、箍筋末端弯钩、钢筋调直符合规范要求。

2. 钢筋焊接和机械连接

钢筋焊接应由持有效证书的合格焊工操作。焊接前，应进行可焊性试验，试验合格后方可成批焊接，并且按规定抽样送检。焊接时应计算接头设置错开距离，在连接区段长度为 35*d*（*d* 为被连接钢筋中的较大直径）且不小于 500mm 范围内，接头面积百分率应符合规范规定。进行机械连接操作的工人，应由持有效操作证书，试验后应按规定取样复检。

3. 钢筋绑扎

钢筋绑扎严格按规范要求施工。绑扎应牢固，严禁缺扣、松扣，严禁漏扎，绑扎接头的搭接长度、接头方式及接头位置应符合设计和规程要求。

4. 梁、柱节点处箍筋安放

当梁骨架钢筋在楼盖上绑扎时，将预先焊好的成品“套箍”放入，按规范间距焊接，防止梁钢筋沉入时骨架倾斜；对 135° /135° 的箍筋施工，因其安放难度较大，制作时先做成 135° /90° 的箍筋，待其绑扎好后再用小扳手将 90° 弯钩扳成 135° ；所有板负弯矩筋采用钢筋支凳搁置，中距每 600~900mm 一个，浇筑混凝土时应不断检查板负弯矩筋高度，严禁破坏钢筋支凳，确保钢筋位置正确。

楼面钢筋绑扎如图 3-1 所示。

图 3-1　楼面钢筋绑扎

5. 钢筋保护层

预先制作与混凝土同标号的砂浆垫块，中间预埋扎丝，以便梁支设侧边保护层时使用。推荐采用塑料垫块，塑料垫块应具有一定强度。钢筋保护层如图 3-2 所示。

图 3-2　钢筋保护层

二、模板工程

（1）模板及其支架应根据结构形式、荷载大小、地基土类别、施工设备及材料供应等条件进行设计，符合有关强度、刚度、稳定性要求。模板制作前应认真做好翻样工作，特别是梁、柱交接点部位的翻样。

（2）支撑系统采用钢管排架，应按模板在施工阶段的变形量控制要求及有关规定设置，做到既要保证其强度刚度和稳定性，又要考虑构造简单、安拆方便，支撑系统及模板系统应经过计算。

（3）柱模板安装前必须先在基础框架柱周边弹出柱边控制线，并在其根部设钢筋限位，以确保柱根部位置的准确。安装前检查柱筋或预埋件是否按设计要求留置。

（4）安装梁底模板时应先复核钢管排架、底模横楞的标高是否正确。当梁跨度大于 4mm 时应按规范规定要求起拱。梁、柱模板平面接槎时，柱模板应支设到梁模板底，梁模板头竖向同柱模接平。柱模板支设如图 3-3 所示。

图 3-3　柱模板支设

（5）模板支设重点应控制其底模刚度、侧模垂直度、表面平整度，特别要注意外围模板、柱模、梁模等处模板轴线位置的正确性。

（6）当模板安装完毕后，应由专业人员对其轴线、标高、各部位构件尺寸、支撑系统、模板基础、起拱高度进行检查。框架结构模板如图 3-4 所示。

图 3-4　框架结构模板

（7）预埋管线、套管、预留孔洞、预埋件在合模时或混凝土浇灌前应预先固定反复校核，不得遗漏。预埋件用直径 4mm 螺栓固定在模板上，周边用防水胶带粘贴。砌体拉结筋按要求留置。

（8）梁板底模板的拆除，应满足如下条件：梁跨在不大于 8m 时，混凝土强度要达到 75%；大于 8m 时，混凝土强度要达到 100%。板不大于 2m 时混凝土强度要达到 50%；大于 2m 且不大于 8m 时，混凝土强度要达到 75%；大于 8m 时，混凝土强度要达到 100%。悬臂构件混凝土强度应达到 100% 方可拆除。应以同条件养护试件的试验结果为依据。在拆模过程中，如发现混凝土有影响结构安全问题时，应停止拆除，并报技术负责人处理。

（9）模板支设后要达到以下要求：保证结构和构件各部位形状尺寸和相互间位置的正确性；具有足够的稳定性和牢固性；接缝严密，不漏浆；节约材料，便于拆模。

三、混凝土工程

（1）在施工前调整好混凝土的施工配合比，控制水灰比和坍落度。

（2）浇筑混凝土要连续施工，尽量避免留置施工缝。必须留施工缝的部位，应符合规范要求，施工缝应留平留直。在接缝时，应先对施工缝表面浇水湿润，并在接缝处铺设与原混凝土同标号的水泥砂浆。混凝土振捣要密实，振动棒应快插慢拔，以混凝土不出气泡不下陷，表面泛浆为准。

（3）柱混凝土应浇至梁底 50~100mm 处或梁端弯筋底，梁板宜一次连续浇筑完毕，不留施工缝。肋形梁板浇筑，应顺次梁方向，如遇特殊情况需留施工缝时，应留在剪力最小部位上。

（4）混凝土浇筑时应分层下料，分层振捣，下料厚度宜控制在 300mm。振捣时，振动棒插入下一层的 100mm，使上下结合密实，振动棒严禁碰触钢筋，防止模板跑模。振动棒应快插慢拔，按行列式或交错式前进，振动棒移动距离一般在 300~500mm，每次振捣时间一般控制在 20~30s，以混凝土表面呈现水泥浆和混凝土不再沉陷为准。楼面混凝土在初凝前还应用平板振动器复振，再用木抹子搓平以及紧光机施工。

（5）有防水要求的部位应按设计及规程要求施工。混凝土梁板成品如图 3-5 所示。

图 3-5　混凝土梁板成品

第 4 章　钢结构工程

（1）进场时，钢柱、钢梁、钢支撑、压型钢板、金属板材和辅助材料、密封材料均应有产品合格证和性能检测报告，材料的品种、规格、性能等应符合现行国家标准和设计要求。

（2）按照图纸要求将钢柱基础底板用水准仪调整在同一水平高度。

（3）根据场地条件宜采用旋转法或滑移法吊装，选择合理吊点、吊具，进行强度和稳定性验算，吊装前根据构件重量、场地情况、吊车的机械性能选用合适吊车。

（4）先吊立中间两个轴线的钢柱、钢梁，而后应将其之间的斜支撑安装；形成稳定框架结构后再依次按照相邻轴线吊立一个轴线的钢柱、横梁，再依次将其之间的斜撑安装。

（5）钢柱的校正主要校正钢柱的垂直度与标高。测量采用两部经纬仪。首先将经纬仪放在柱子一侧，使中心对准柱子底座的基线，然后固定水平度盘的各螺丝。测柱子的中心线，由下而上观测，若纵中心线对准，则柱子垂直，不对准则需调整柱子，直至对准经纬仪中心线为止。以同样的方法测横线，使柱子另一面中心线垂直于基线横轴。柱子准确定位后，即可对柱子进行固定工作。钢柱校正示意图如图 4-1 所示。

图 4-1　钢柱校正示意图

（6）所有钢柱、钢梁应连续安装，在所有钢柱、钢梁调整结束以后，则应立即紧固和锁紧安装螺栓。吊装示意图如图 4-2 所示。

图 4-2　吊装示意图

（7）屋面檩条安装。安装屋面板的檩条骨架必须平直、无弯曲，安装前应检查校正，符合规范要求后方能安装压型钢板。

（8）金属板材的吊装应用专用吊具，不得损伤压型钢板。

（9）压型钢板的横向搭接不小于一个波，纵向搭接不小于 200mm。

（10）压型钢板应采用带防水垫圈的热镀锌螺栓（螺钉）固定，固定点应设在波峰上。

（11）安装墙板的檩条构件必须平直、无弯曲，安装前应检查校正，符合要求后，方能安装墙板。

（12）伸缩缝处的墙架应断开，以保证墙面的伸缩变形需要。

（13）门窗洞口处施工，先安装门框及窗框，再放置窗台泛水、窗侧、门侧包角、门窗顶泛水。

（14）泛水板与彩板之间用自攻螺丝固定，在与彩板肋相切方向每隔一肋固定一颗，与彩板肋同方向每 500mm 固定一颗，泛水板搭接处应用密封材料嵌填密实。

（15）安装前应对门窗框的位置尺寸进行检验，做好包角、泛水板的配置。

（16）需要截剪的板料及墙面孔洞等应在安装前量好尺寸，截剪成料后再安装，不得随意切割。

（17）墙身阴阳角均应放置阴阳偶包板，屋顶女儿墙均应放置压檐，压檐板接缝处应用密封材料嵌填密封。

窗户的安装如图 4-3 所示。

图 4-3　窗户的安装

第 5 章　砌筑工程

（1）砖的品种、规格、强度等级必须符合设计要求，有出厂合格证，按规范要求进行复验，砖进场应进行尺寸偏差、外观质量等检查。

（2）水泥砂浆的强度等级不宜大于 32.5 级，混合砂浆不宜大于 42.5 级。水泥必须有合格证并经见证取样复验。

（3）砌体用砖必须在砌筑前 1~2 天浇水湿润，其中粉煤灰砖应当天浇水。机制实心砖以水浸入砖四边 1.5cm 为宜，含水率为 10% ~ 15%，常温施工不得使用干砖上墙。雨季不得使用含水率达饱和状态砖砌筑；温度低于零度时可不浇水，但必须加大砂浆稠度。

（4）砌砖前应先盘好角，每次盘角不宜超过五层，新盘的大角应及时检查其垂直及平整度，如有偏差及时调整。盘角时要仔细对照皮数杆的标高，控制好灰缝大小，使水平缝及竖缝均匀一致。大角盘好后复查一次，墙体平整度和垂直度完全符合要求后，再挂线砌墙。

墙体双面挂线砌筑如图 5-1 所示。

图 5-1　墙体双面挂线砌筑

（5）砌筑 370 墙、240 墙，都必须挂双线，如果墙体较长，挂线中间应设置支点，控制线要拉紧，每层砖砌筑时应扣平线，使水平缝保持均匀一致。

（6）砌砖采用一铲灰、一块砖、一挤揉的“三一”砌筑法。砌砖时砖要放平，里手高墙面就要张，里手低墙面就要背。砌砖应遵循“上跟线，下跟棱，左右相邻要对平”的口诀。水平灰缝厚度和竖向灰缝宽度不应小于 8mm，也不应大于 12mm，一般为 10mm。砌筑砂浆要随搅拌随使用，一般水泥砂浆必须在 3h 内使完，混合砂浆必须在 4h 内用完。标高不同时砌砖应从低处砌起，并由低处向高处搭砌。墙体“三一”砌筑如图 5-2 所示。

图 5-2　墙体“三一”砌筑

（7）留槎。一般情况下，砖墙上不允许留直槎，砌体转角与交接处应同时砌筑，严禁内外墙分开施工。对不能同时砌筑而又必须留置的临时间断处应砌成斜槎，斜槎水平投影长度不应小于墙体高度的 2/3。非抗震设防或抗震设防烈度为 6 度、7 度的临时间断处，当不能留斜槎时，可留直槎，但必须砌成凸槎，并应加设拉结筋，拉结筋的数量按设计要求设置，外墙转角严禁留直槎。

（8）预埋木砖和墙体拉结筋。木砖预埋时应小头在外，大头在内，数量按洞口高度决定。洞口高在 1.2m 以内，每边放 2 块；高 1.2～2m，每边放 3 块；高 2～3m，每边放 4 块。预埋木砖的部位一般在洞口上边或下边四皮砖，中间均匀分布。木砖要提前做好防腐处理。

（9）墙体拉结筋的位置、规格、数量、间距均按设计及施工规范要求留置，不得错放、漏放。

（10）安装过梁、梁垫时，其标高、位置及型号必须准确，垫灰饱满。如垫灰厚度超过 2cm 时，采用细石混凝土铺垫，边梁安装时，两端支座长度必须一致。

（11）在构造柱连接处必须砌成马牙槎。马牙槎做法按规范要求施工，应先退后进。马牙槎侧边使用单面胶粘贴后支设模板，可防止浇混凝土时漏浆。构造柱做法如图 5-3 所示。

图 5-3　构造柱做法

（12）承重墙最上一皮砖、梁或梁垫下、挑檐处均应采用整砖丁砌。

（13）填充墙梁底砌筑。填充墙外墙与框架梁之间保留不少于 30mm 缝隙，采用防水细石混凝土堵缝。堵缝时，缝隙处浇水湿润，墙体内侧采用模板挡住，从外墙采用微膨胀防水混凝土塞入墙缝中，捣制密实，如缝隙较大可进行两次浇捣。

（14）填充墙内墙与框架梁之间可留出砖长位置的 2/3，采用斜砖塞砌，砌筑时应砂浆饱满，砖缝填塞紧密。墙体示例图如图 5-4 所示。

图 5-4　墙体示例图

第 6 章　墙面抹灰工程

（1）对于砖墙，应在抹灰前一天浇水湿润；加气混凝土砌块墙面，应提前两天浇水，每天两遍以上；加粉煤灰砖要求。

（2）不同材料基体交接处的表面抹灰，外墙和顶棚的抹灰层与基层之间及各抹灰层之间必须粘结牢固。内外填充墙体与混凝土（柱、梁）交接处粉刷前应采用抗碱纤维网格布粘贴（墙面粘贴玻璃纤维布如图 6-1 所示），宽度不小于 300mm，以防止由于收缩模量不同产生的温度裂缝，外墙（柱、梁）交接处还应按设计要求及规范要求用钢丝网加固（墙面贴钢丝加强网如图 6-2 所示）。

图 6-1　墙面粘贴玻璃纤维布

图 6-2　墙面贴钢丝加强网

（3）在房间地面弹十字交叉线规方，十字交叉线作为墙面抹灰基准线，根据地面弹线，进行墙面塌饼、标筋。

（4）柱面、墙面阳角应采用 1∶2 水泥砂浆做护角，高度不低于 2m，护角每侧宽度不少于 50mm。

（5）墙面抹灰层应分层施工，分层刮糙每层厚度控制在 7~9mm，上层抹灰应待底层砂浆达到一定强度，并吸水均匀后进行。为确保加气混凝土砌块砌体粉刷不空鼓，砂浆刮糙完成后砂浆抹面前，底层表面应喷洒防裂剂。

（6）分格条粘贴外墙面刮糙完成后，墙面弹线、分格，将墙面分格条、滴水线条等线条粘贴完成，并浇水养护。抹灰分格条的设置应符合设计要求，宽度和深度应均匀，表面光滑，棱角整齐。墙面塌饼、贴分格条。

（7）窗台、阳台、挑檐等突出墙体的部位，应做滴水线（槽）。流水坡度、滴水线（槽）应顺直、内高外低，滴水线（槽）宽度和深度均不应小于 10mm。

（8）墙面刮糙完成后，抹水泥砂浆面层，厚度为 6~8mm。操作时先将墙面湿润，然后用砂浆薄刮一遍使其与中层砂浆粘结，接着抹第二遍，达到要求的厚度，用压尺刮平找直，待其水分略干后，用铁抹子压实压光。施工过程中应严格控制水泥砂浆的配合比及水灰比。

（9）柱、垛、墙面、门窗洞口、勒脚等处要在抹灰前拉水平和垂直两个方向的通线，找好规矩，包括四角挂垂直线、大角找方、拉通线贴饼。墙面有分格缝要求时，应在中层分格弹线，贴分格条时要四周交接严密，横平竖直，接槎要整齐。外墙抹灰应由屋檐自上往下进行，抹面砂浆抹至分格条、护角平，刮尺刮平，待水分略干时用抹子抹平、压光。用靠尺吊垂直拉毛，拉毛时应掌握墙面砂浆水分，外墙面拉毛应无接槎，丝路均匀，无明显凹凸不平、抹痕等。

（10）抹面层砂浆完成前，应对预留洞口、电气箱、槽、盒等边缘进行修补，将洞口周边修理整齐、光滑，残余砂浆清理干净。

（11）墙面踢脚线为 1：3 水泥砂浆刮糙，1：2.5 水泥砂浆面层，如踢脚线为石材时，墙面粉刷则按石材踢脚线高度留出空隙，在石材踢脚线施工前完成刮糙。

外墙抹灰示例图如图 6-3 所示。

图 6-3　外墙抹灰示例图

第 7 章　门窗安装施工

（1）铝合金门窗应检查合格证、原材料产品质量证明书；窗进场成品需做抗风压、水密性和气密性的“三性”试验，窗“三性”检测报告如图 7-1 所示。

图 7-1　窗“三性”检测报告

（2）检查门窗品种、类型、规格、尺寸、性能、开启方向应符合设计要求，门窗应采用塑料胶带粘贴保护，门窗应分类侧放，防止受力变形。门窗框边贴美纹胶纸保护如图 7-2 所示。

图 7-2　门窗框边贴美纹胶纸保护

（3）外窗注意设置窗套，并按要求设置滴水线（槽）；外窗台应低于内窗台 10mm，并向外按 20%放出坡度。

（4）门窗框与墙体间空隙采用发泡材料填充密实，防止漏水。门窗框外侧和墙体室外二次粉刷应预留 5~8mm 深槽口，用硅硐膏密封。

（5）后塞门窗框安装前要预先检查门窗洞口的尺寸、垂直度及木砖数量，如有问题，应事先修补好；门窗框采用钉子与墙内的预埋木砖固定，每边的固定点不少于两处，其间的距离不大于 1.2m。

（6）木门窗扇安装前应检查门窗扇的型号、规格、质量是否符合要求，安装前根据门窗框的高低、宽窄尺寸，在相应的扇边上画出高低、宽窄的线，双扇门窗要打叠（自由门除外），应在中间缝处画出中线，再画出边线，并保证梃宽一致，上下冒头也要画线刨直；画出高低、宽窄线后，用粗刨刨去线外部分，再用细刨刨至光滑平直，使其符合设计尺寸要求；扇放入框中试安装合格后，按扇高的 1/8~1/10，根据合页尺寸及安装位置在框上画线，剔出合页槽，槽的尺寸一定要与合页形状相适应，槽底要平。

（7）木门扇安装前先确定门的开启方向及小五金型号和安装位置，然后检查门口尺寸是否正确，边角是否方正，有无窜角，检查门口高度，在扇的相对部位定位放线。根据框口净尺寸修刨木门扇边木，扇入框试配合格后，其铰链位置由相同门铰链位置模具尺统一划线，剔槽后再安装门扇。

（8）铝合金窗应先安装内扇，后安装外扇。旋转调整螺钉，调整滑轮与下框的距离，使毛条压缩量为 1~2mm。

第 8 章　屋面防水施工

（1）找平层施工前应检查结构层的质量，以及排水坡度、天沟和水落口的标高、管道和预埋件等的施工质量并验收合格，根据屋面设计坡度及找平层厚度做好塌饼，并做好分格缝（找平层分格应与排气槽重合，分格宽度不宜大于 6m，采用上宽下窄梯形木条分格）。施工前基层应清理干净，并充分湿润。铺浆前刷素水泥浆一道，随刷随铺。铺浆时应掌握好砂浆稠度，已拌好砂浆应及时用完，一个分格内砂浆要一次性铺完，不留施工缝。找平层表面不少于 3 遍压光，压光完成后，表面不应有漏压、凹坑、死角、砂眼，最后一遍抹光应在水泥砂浆终凝前完成。砂浆找平层洒水养护不少于 7 天。分隔缝内应清理干净，并采用油膏嵌缝。屋面阳角细石混凝土圆弧如图 8-1 所示。

图 8-1　屋面阳角细石混凝土圆弧

（2）板块保温层铺设前应满涂胶结材料，与基层之间相互粘牢，板块材料应铺平、铺实，分层铺设时应上下接缝错开。现浇整体保温材料应根据屋面设计坡度、厚度施工。保温层容易吸水，且不容易挥发，保温层施工完成后，应及时抹水泥砂浆找平层。如保温层含水率过高，应待水分充分挥发后再施工找平层。

（3）保温层必须设置排气槽，排气槽宜设置在屋面板的端头接缝处，转角处。排气槽宽度为 50~70mm，纵横间距不宜大于 6m。

（4）屋面特殊部位的附加增强层和卷材铺贴要求：檐口位置应将端头的卷材裁齐后压入凹槽内，然后将凹槽用密封材料嵌填密实，如用压条或带垫片的钉子固定，钉子钉入凹槽内，钉帽及卷材端头压条上下口用密封材料封平。

（5）天沟、檐口、卷材铺贴前，应对水落口进行密封处理，在水落口杯埋设时，水落口杯与竖向插口的连接处应用密封嵌填密实，防止该部位在暴雨时产生倒水现象。水落口周围直径500mm范围内用防水涂料或密封材料涂封作为附加增加层，厚度不小于2mm。屋面天沟附加层如图8-2所示。

图8-2　屋面天沟附加层

（6）防水卷材施工前应检查基层，基层表面应洁净、平整、坚实，不应有起砂、开裂、空鼓等现象，表面干燥、含水率不应大于9%。

（7）卷材应平行屋脊从檐沟处往上铺贴，双向流水坡度卷材搭接应顺水流方向。长边及端头的搭接宽度均为80mm，且端头接茬要错开50mm。卷材配制应减少阴阳角处的接头。铺贴平面与立面相连接的卷材，应由下向上进行，使卷材紧贴阴阳角，铺展时对卷材不宜拉得太紧，卷材完成后不得有皱褶、空鼓现象。

（8）屋面隔离层应在柔性防水表面与刚性防水混凝土中间施工，将刚性防水混凝土与柔性防水卷材隔离，隔离可采用纸筋灰、浓石灰水涂刷或空铺卷材隔离。

（9）刚性防水混凝土屋面浇筑前应采用上宽下窄梯形木条分格，水泥砂浆固定。按设计要求绑扎钢筋网，并按分格缝断开。防水混凝土先薄铺下层混凝土，将钢筋网提至中上部，再浇筑上层混凝土。刚性防水混凝土严格计量，并控制好混凝土坍落度，采用平板振动器振实。混凝土压光后表面光洁，无抹纹，色泽均匀一致。刚性防水混凝土应洒水养护不少于 7 天。分格缝内采用油膏嵌缝。

（10）蓄水试验，蓄水应高出屋面最高点 2cm，静置时间不小于 24h，不得有渗漏现象。

屋面成品如图 8-3 所示。

图 8-3 屋面成品

第 9 章　地面和楼面层板块施工

（1）根据现场实测，绘制出各房间准确尺寸图。综合考虑房间实际尺寸、中心线位置、板材规格、纹理图案及相连通房间、走廊板材拼接等要求，在计算机上进行模拟排块设计，绘制排块设计图。注意每边不宜有两列非整砖，且非整砖宽度不小于整砖的 1/3。

（2）板材铺贴前，应对地面基层进行湿润，刷水灰比为 0.5 的水泥素浆，随刷随铺干硬性砂浆结合层，从里往外、从大面往小面摊铺，铺好后用大杠尺刮平，再用抹子拍实找平。结合层砂浆干硬程度以手捏成团，落地即散为宜。

（3）板材应先试贴，先将板材按通线平稳铺下，用橡皮锤垫木块轻击，使砂浆密实，缝隙、平整度满足要求后，揭开板块，发现结合层不密实有空隙时，应填砂浆搓平，在板材背面批 8~10mm 素水泥浆，正式铺贴。板材铺贴如图 9-1 所示。

图 9-1　板材铺贴

（4）卫生间排版设计时应尽量将地漏设置在板块中间，施工时应将板材四角切开，中间圆弧与地漏相吻合，集中向地漏内排水。卫生间地漏处面砖处理如图 9-2 所示。

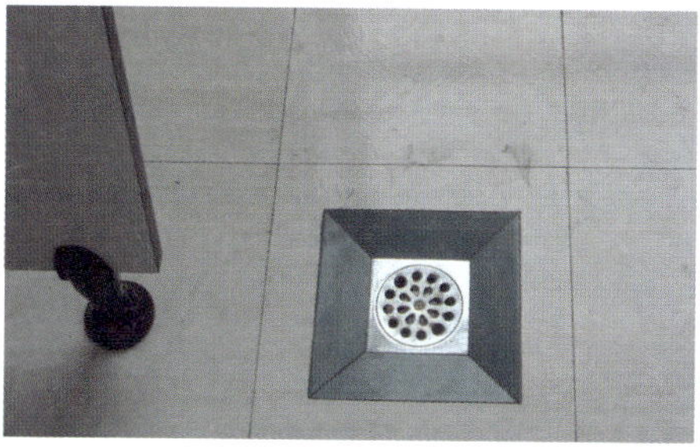

图 9-2　卫生间地漏处面砖处理

（5）蹲式大便器周围应套割准确，并根据便器的排水方向确定板材的排水方向及坡度。

（6）板块铺完 2 天后，使用 1 : 1 水泥色浆勾缝。水泥色浆先按石材颜色要求在水泥中加入矿物颜料进行调制。灌浆 1~2 天后，用棉纱及其他擦布蘸色浆擦缝，粘附在板面上的浆液随手用湿纱头擦干净。

（7）板块铺完 24h 后，表面撒上干净锯末保护，喷水养护。时间不少于 7 天，待结合层的水泥砂浆达到设计要求后，经清洗、晾干后，方可打蜡擦亮。

（8）踢脚线一般采用与地面块材同品种、同规格、不同颜色的材料，踢脚线的缝与地面缝形成通缝。铺设时应在房间的两端头阴角处各镶贴一块砖，出墙厚度和高度应符合设计要求，并以此砖上边为标准挂线，开始铺贴。踢脚线浸湿晾干，在背面抹 1 : 2 水泥砂浆 8~10mm 厚，用木锤轻击密实，靠尺找直找平，方尺找角。次日，用同色水泥浆擦缝。踢脚线粘贴美纹带施工如图 9-3 所示。

图 9-3　踢脚线粘贴美纹带施工

（9）控制室、继保室有时为防静电活动地板面层，在施工中应注意以下要求：

1）金属支架应支承在坚实的基层上，基层应平整、光洁、干燥、不起灰。铺设活动地板的标高符合设计要求，铺设前应进行活动地板排版、设计。

2）在墙体四周弹设标高控制线，依据标高控制线，由外往里铺设，铺设时应规范，并预留洞口与设备位置。

3）先将活动地板各部分组装好，以基准线为准，固定支架的底座，连接支架和框架。根据标高控制线确定面板高度，带线调整支压螺杆。用水平尺调整每个支座的高度，使支架均匀受力。

4）所有支座柱和横梁框架成为一体后，应用水平仪检查，然后将环氧树脂注入支架底座与基层之间的空隙内，使之连接牢固。

5）在横梁上铺设缓冲条，使用乳液胶与横梁粘合，活动地板应从相邻两边依次向外铺装，为保证平整，并可转动、调换活动地板位置，不得在地板下加垫。活动地板在墙边接漏缝处，安装踢脚线覆盖。通网风口等处采用异形活动地板安装。

地面砖成品如图 9-4 所示。

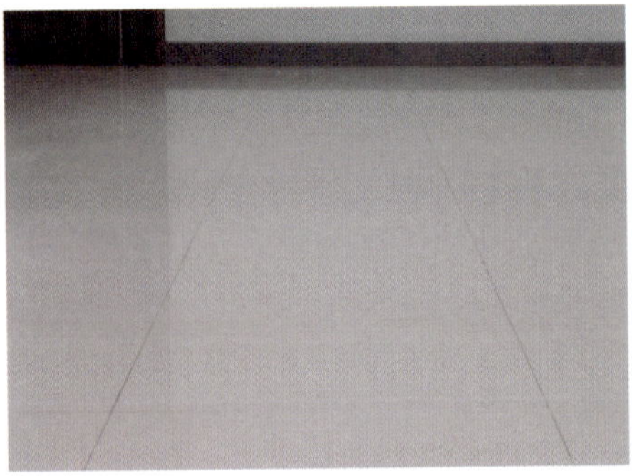

图 9-4　地面砖成品

第 10 章　墙面面砖施工

（1）根据墙面抹灰后尺寸，对整个建筑物进行分区，并对面砖的品种、规格、颜色、图案、排列方式、分格、墙面凹凸部位等使用计算机进行预排设计。墙面砖缝应与地面砖缝配合，预排时应注意非整砖宽度不宜小于整砖的高度或宽度的 1/3。内墙面面砖对缝施工如图 10-1 所示。

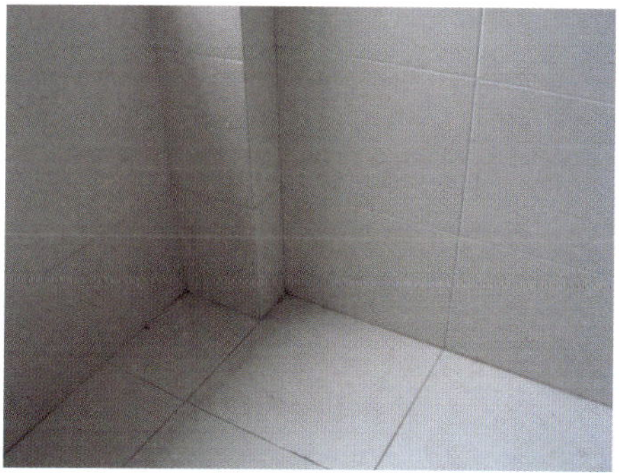

图 10-1　内墙面面砖对缝施工

（2）检查墙面基层，凸出墙面的砂浆、砖、混凝土等应清除干净，孔洞封堵密实。表面施涂界面处理剂，采用 1：1 水泥、细砂掺胶水拌和后，用机械喷浆，喷、涂均匀，并进行洒水养护。

（3）光滑平整附有脱模剂的混凝土面层采用 10% 火碱溶液清洗，再用钢丝刷刷洗，对于易产生裂缝的部位需固定钢板网后，抹底灰。

（4）根据设计大样画出皮数杆，对窗心墙、墙垛处事先测好中心线、水平分格线、阴阳角垂直线，然后镶贴标志点。标志点间距为 1.5m × 1.5m 或 2m × 3m 为宜，面砖铺贴到此处时再敲掉。

（5）砖墙面要提前一天湿润好，混凝土墙可以提前 3~4h 湿润，瓷砖要在施工前浸水，浸水时间不小于 2h，然后取出晾至手按砖背无水渍方可贴砖。

（6）镶贴用 1：2 水泥砂浆，可掺入不大于水泥用量 15% 的石灰膏，砂浆内加入 20% 的 108 胶水，砂子采用中细砂过筛，施工环境温度宜在 5℃以上。砂浆厚度 5~6mm，以铺贴后刚好满浆为止。粘贴 8~10 块，用靠尺板检查表面平整并用卡子将缝拨直。阳角拼缝可将面砖边沿磨成 45° 斜角，保证接缝平直、密实。扫去表面灰浆用卡子划缝，并用棉丝拭净，贴完一面墙后要将横竖缝内灰浆清理干净。阴角应大面砖压小面砖，并注意考虑主视线方向，确保阴阳角处格缝通顺。厕所、洗浴间缝隙宜采用塑料十字卡控制。

（7）室外面砖一般自上往下镶贴，根据墙面排版设计，在找平层上从上往下弹出水平及垂直控制线。根据墙面弹线及灰饼厚度，设置控制线。镶贴时，在面砖背面满铺粘结砂浆，镶贴后，用小铲把轻轻敲击，使之与基层粘结牢固，并用靠尺、方尺随时找平。贴完一皮后须将砖上口灰刮平，表面清理干净。

（8）女儿墙压顶、窗台、腰线等部位平面也要镶贴面砖时除流水坡度符合设计要求外，应采取顶面面砖压立面面砖的做法，预防向内渗水，引起空裂。有排水要求的部位应做滴水线（槽）。

（9）外墙饰面粘贴应设置伸缩缝。竖直向伸缩缝可设在洞口两侧或与幕墙、柱对应的部位；水平向伸缩缝设在洞口上下或与楼层对应处。外墙面的洞口细部如图 10-2 所示。

图 10-2　外墙面的洞口细部

（10）内外墙面砖镶贴时均应注意开关盒、管道等处应用整砖套割。套割应准确边角圆顺。开关盒、管道等处面砖镶贴如图 10-3 所示。

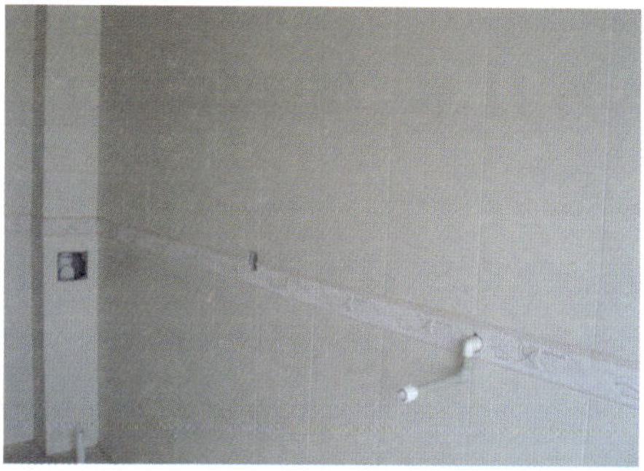

图 10-3　开关盒、管道等处面砖镶贴

（11）内墙瓷砖贴完 3~4h 后，用白水泥浆涂满缝隙，再用棉砂蘸浆将缝隙擦平实，待稍有强度，用镏子勾缝。镏子可采用 3mm 不掉色塑料圆线。保证平滑凹缝 1~2mm，但必须一致。内墙面砖成品如图 10-4 所示。

（12）外墙面砖一般使用特制的钢筋钩勾缝，缝隙宽度控制在 8mm 左右，且不小于 5mm。面砖镶贴完成一定流水段落后，立即用 1∶1 水泥砂浆勾缝，先勾水平缝再勾竖缝，勾好后要凹进面砖外表面 3mm。外墙面砖成型如图 10-5 所示。

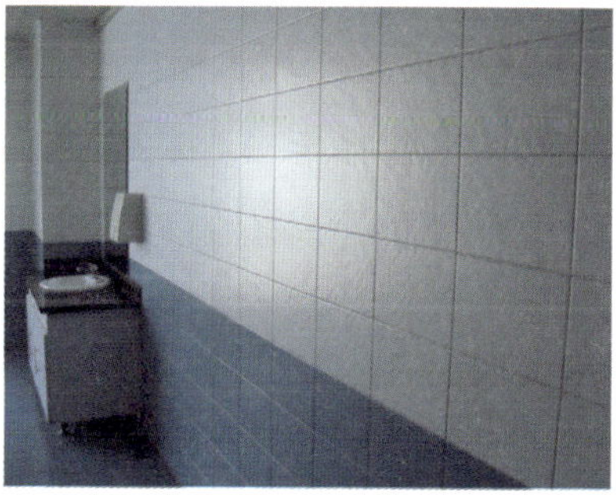

图 10-4　内墙面砖成品

图 10-5　外墙面砖成型

第 11 章　墙面涂刷施工

（1）基层处理。

1）待墙面干燥后，进行墙面孔洞及线槽修补（修补材料采用 108 胶水掺水泥 20∶100）。

2）墙面裂缝采用封闭防水材料进行修补，墙面空鼓部分应将砂浆清除，再进行修补，对高低不平的砂浆面层进行打磨，确保墙面平整。

3）对墙面污垢及油渍采用洗涤剂洗净，并扫除表面浮砂。

4）混凝土墙面不平整的部位，应使用聚合物水泥砂浆进行修补，石膏板连接处做成 V 形接缝，在 V 形缝中嵌填专用的树脂乳液石膏腻子，并贴接缝带抹压平整。

（2）对混凝土墙面刮防水腻子找平，要求与基层粘结牢固，无分层空鼓现象，待干燥后用砂纸打磨平整光滑。

（3）施涂底层封底涂料。

1）先局部样板施工，大面积涂刷在样板验收合格后进行。在涂料滚涂前，进行涂料的稀释处理（按厂家要求处理），稀释时掺水量应专人计量。大面积墙面涂刷采用粗毛滚筒从上往下，分段分层进行涂刷，门窗等拐角部位采用细毛刷进行涂刷。

2）涂刷施工前门窗框应用薄膜遮盖，墙面滚涂应均匀，不漏涂。细部涂刷应采用美纹带粘贴，确保线条顺直。外墙底涂施工如图 11-1 所示。

图 11-1　外墙底涂施工

（4）中层涂料滚压。涂刷中层涂料时应在封底涂料干燥后进行，分滚涂、拉毛两步进行。由于主层涂料较厚，采用专用滚涂工具进行施工，分段分层进行滚涂，可以从左往右或从上往下沿同一方向进行。门窗及墙体拐角，滚涂不到的部位，采用漆把粘涂料点缀施工。滚压后应做到涂料成形厚薄均匀，纹路、花点、大小均匀一致，方向同一。表面立体感强。拉毛宜在墙面涂料稍干后进行，拉毛后应表面无流坠、色差、溅沫等现象。表面涂层应突出一致，阴阳角部位涂料附着力强，隆起均匀，无明显疙瘩。门窗侧边拉毛应均匀到位无漏刷。

（5）面层涂料。

1）面层涂料待主层涂料干燥后进行，从上往下，分层分段进行涂刷。涂料涂刷后颜色均匀、分色整齐、不漏刷、不透底，每分格应一次性完成。

2）各层涂料施工前，应检查门、窗、灯具、箱盒及其他易受污染的部位是否得到有效保护，覆盖完整。内墙涂料样板如图 11-2 所示。

（6）涂料清理及保护。施涂前应清理周围环境，再进行涂饰，防止尘土飞扬污染涂料而影响涂饰质量。涂饰完成后，及时做好成品保护，防止二次污染。涂刷完成成品如图 11-3 所示。

图 11-2　内墙涂料样板

图 11-3　涂刷完成成品

第 12 章　建筑电气、防雷与接地工程

1. 管路敷设

管路敷设分为现浇板内管路敷设、吊顶内管路敷设及墙体内管路敷设三种方式。电气管道预埋如图 12-1 所示。

图 12-1　电气管道预埋

2. 管路连接

使用与管路配套的套管和专用粘接剂，连接前清除连接管端的灰尘，保证粘结部位清洁干燥，用小毛刷涂抹胶粘结。涂好后平稳插入套管中，插接要到位，用力转动套管，确保连接牢靠，套管连接的管路应保持平直。

3. 管路与灯头盒连接

使用配套的盒接头和粘接剂，根据两个灯头盒位置，截取适当长度，把盒接头的一端插入盒内，并用配套锁母固定。

4. 管路切断

管路可根据直径大小采用专用剪管器剪切或钢锯锯断，并将管路内外的毛刺修整平齐。管路切断后不能留有斜口、不能变形。

5. 管路弯曲

直径 25mm 以下的管路，使用配套的弯管弹簧，将弹簧伸入管内需煨弯位置，用膝盖顶住被弯部位，两端用力渐煨出所需要的弯度，注意不能用力过快，以免管路发生变形，如果管路长度大于弯管弹簧的两端位置，可用铁丝拴牢弹簧的一端，拉到合适位置，再进行大煨弯。对于直径 32mm 以上的管路，可以采用热弯法，将管路内灌满细砂，堵住两端管口，用电炉或热风机对弯曲部位均匀加热，逐步弯出所需要的弯度，然后用湿布抹擦弯曲部位使其冷却定位。

6. 管内穿线

将布条的两端牢固地绑扎在带线上，两人来回拉动带线，将管内的浮尘、泥水杂物清除干净。管内穿线采用 ϕ1.2 ~ 2.0mm 钢丝，头部弯成不封口的圆圈。将带线穿插入管路内，管口留有 10~15cm 的余量。管内穿线时，洒入适当的滑石粉，二人同时作业，一拉一送，配合穿线。当管路较长或转弯较多时，可在敷设管路的同时将带线一并穿好并留有 10~15cm 的余量。

7. 放线及断线

放线前应根据施工图核对导线的规格、型号。放线时将带线置于放线架上，将导线线芯直接与带线绑回头压实绑扎牢固，形成一个平滑的锥体过渡部位。剪断导线时各种接线盒内导线的预留长度 15cm，配电箱内导线的预留长度为箱体周长的 1/2，出户导线的预留长度为 1.5m。管内接线如图 12-2 所示。

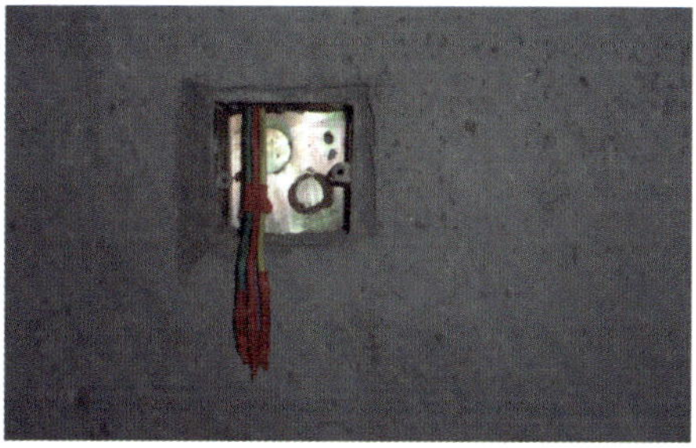

图 12-2　管内接线

8. 配电箱安装

根据预留洞口尺寸，先将箱体找好标高及水平尺寸，核对入箱的管路长短是否合适，间距是否均匀，排列是否整齐等。根据各个管路的位置用液压开孔器进行开孔，开孔完毕后，将箱体按标定的位置固定牢固，最后用水泥砂浆填实周边并抹平齐。如箱底与外墙平齐时，应在外墙固定金属网后再做墙面抹灰。配电箱安装如图 12-3 所示。

图 12-3　配电箱安装

9. 插座接线

单相两孔插座有横装和竖装两种。横装时，面对插座的右极接相线，左极接零线。竖装时，面对插座的上极接相线，下极接零线。

10. 绝缘层

绝缘层注意不要碰伤线芯。如开关、插座内为接线柱，将导线按顺时针方向盘绕在开关，插座对应的接线柱上，然后旋紧压头。将线芯折回头插入圆孔接线端子内（孔径允许压双线时）再用顶丝将其压紧，注意线芯不得外露。

11. 开关、插座安装

按接线要求，将盒内甩出的导线与开关、插座的面板连接好，将开关、插座推入盒内，对正盒眼，用螺丝固定牢固。固定时要使面板端正，并与墙面平齐。面板安装孔上有装饰帽的应一并装好。开关安装成品如图 12-4 所示。

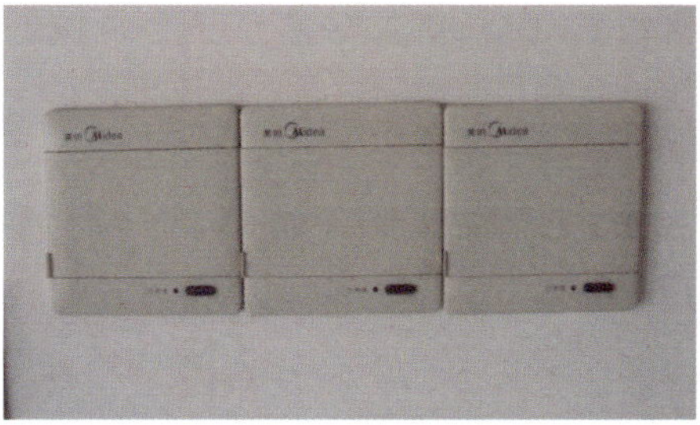

图 12-4　开关安装成品

12. 灯具安装

（1）灯具安装前应熟悉电气安装图纸，灯具的型号规格、数量要符合设计要求。在易燃、易爆场所应采用防焊式灯具，有腐蚀性气体及特别潮湿的场所应采用封闭式灯具。

（2）安装电气照明装置一律采用埋接线盒、吊钩、螺钉、膨胀螺栓等固定方法，严禁使用木楔固定。

（3）电气照明装置的接线应牢固，需接地、接零的灯具、非带电金属部分应有明显的专用接地螺丝。每个灯具固定用的螺丝可靠连接，其保护接地线面应根据灯具的相面选择。灯具安装如图 12-5 所示。

图 12-5　灯具安装

（4）通电试运行：灯具安装完毕，各个支路的绝缘电阻摇测合格，并做好记录。绝缘电阻测试合格后通电试运行，通过时间为 24h，通电后每 8h 仔细检查和记录电流、电压各一次，全程共记录 4 次。同时检查灯具的控制是否灵活、准确。

13. 防雷及接地工程施工质量控制

（1）建筑物接地应和主接地网进行有效连接。

（2）防雷引下线敷设。将引下线扁钢或圆钢调直，按设计要求随建筑物引上、挂好，引下线的下端与接地体焊接，或与断接卡子连接，随着建筑物的逐步增高，将引下线敷设于建筑物内至屋顶，并出屋面一定长度，以备与避雷网连接。

（3）避雷网安装。将避雷网圆钢调直后，与防雷引下线焊接连接连成一体。敲掉焊接药皮，进行调直后刷防锈漆。屋面突出部分应增加避雷网，与主避雷网焊接成一体。

（4）做防雷跨越处理。

灯具安装成品如图 12-6 所示。

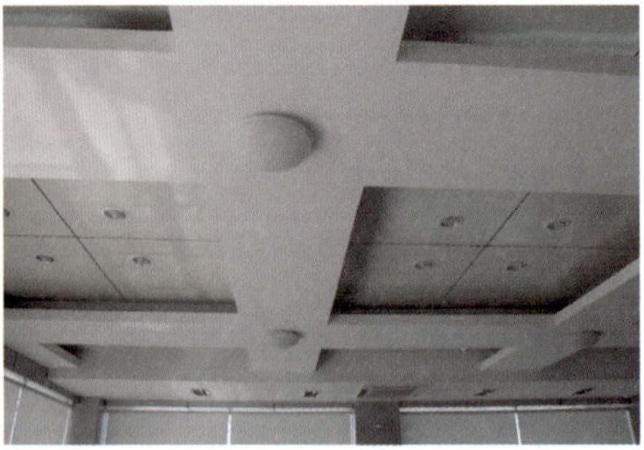

图 12-6　灯具安装成品

第 13 章　电缆沟施工

（1）根据设计要求，基槽土方开挖至设计标高，电缆沟基槽两侧设排水沟及集水井，以防止沟壁坍塌。开挖完成后，应组织相关人员（设计勘察单位、施工单位、监理单位、业主）进行验槽，并做好记录。

（2）基底原土夯实，放设电缆沟底垫层模板边线及坡度线，根据边线及坡度线安装模板，并采用水准仪跟踪测定模板标高。底板垫层应按设计要求或规范规定留置变形缝。基础较宽时，在基槽中间设水平控制桩。

（3）采用经纬仪，在底板混凝土表面定点、弹线，确定电缆沟墙体边线。根据电缆沟墙体标高，设置皮数杆。底板第一皮砖的砖缝超过 20mm 时，应采用细石混凝土找平。砖在砌筑前隔夜浇水湿润，砂浆按配合比搅拌，控制好稠度。砂浆应保证 3h 内砌筑完毕，砌砖时铺灰长度不应超过 500mm，并严格按照皮数杆逐层砌筑，及时清理落地残余砂浆。电缆沟墙体砌筑及压顶钢筋绑扎如图 13-1 所示。

图 13-1　电缆沟墙体砌筑及压顶钢筋绑扎

（4）砌筑过程中，将预埋铁件砌入电缆沟墙体内，应根据预设的粉刷层厚度拉线控制预埋铁件标高及凸出墙体位置。铁件应事先制作完成。电缆沟墙体按照规范砌筑，顶层砖均应采用“全丁”砌筑，砌筑完成后，砌体顶面采用砂浆灌缝。墙体应按设计要求或规范规定留置变形缝，上下贯通，并应和底板、垫层变形缝位置一致。

（5）电缆沟压顶混凝土施工。

1）在电缆沟外墙弹出水平线，根据水平线安装压顶模板，采用钢制卡具固定压顶模板。压顶模板上口根据水平线调平，为防止压顶模板上口倾斜，在压顶两侧设置木方与基坑边沿土方打桩固定。压顶钢筋与墙顶面及模板两侧设混凝土保护层。

2）压顶浇筑前墙面应浇水湿润。压顶混凝土采用振捣棒振捣密实。顶面采用木模板拉毛、压实。拉毛时，应控制好拉毛时间、遍数，防止混凝土产生收缩裂缝，并及时清除模板残余混凝土及砂浆。混凝土压顶在变形缝处也应断开。

3）伸缩缝设置以 15~20m 为宜。

4）要求压顶混凝土一次成型，不做粉刷。

（6）电缆沟扁铁安装。为了防止扁铁焊接变形，焊接前应每米设置角钢将扁铁撑紧在沟壁上。在预埋铁件上进行扁铁焊接，焊接中应拉通长线整平。扁铁搭接长度不应小于 2 倍扁铁宽度，三边焊接，焊接质量应符合施工规范要求。电缆沟扁铁安装如图 13-2 所示。

图 13-2　电缆沟扁铁安装

（7）电缆沟粉刷。

1）根据墙面粉刷厚度塌饼、冲筋，采用 1∶3 水泥砂浆打底，1∶2 水泥砂浆压光。粉刷前墙面要充分浇水湿润，混凝土压顶面层采用 108 胶水掺水泥素浆批浆。为保证电缆沟长方向粉刷的顺直及平整，用经纬仪测点在顶面弹中心控制线，沟壁弹水平控制线，作为粉刷面的基准线。

2）电缆沟粉刷中，原材料应采用同一批次进场材料，砂浆配比应统一，以保证电缆沟粉刷面色泽均匀一致。粉刷砂浆应在规定时间内用完，不允许用干水泥或砂浆干粉在粉刷层表面吸水。粉刷面层压光后，电缆沟应棱角通长顺直，沟壁平整，无砂眼、凹坑、抹纹，粉刷层色泽一致，无空鼓、龟裂。

3）电缆沟顶粉刷宜每隔 2m 镶贴分格条，以减少由于沟长而引起的收缩裂缝。

4）注意做好电缆沟内外层粉刷，尤其加强外侧粉刷。

（8）电缆沟底找坡、压光。电缆沟应根据设计要求找坡，采用水准仪测定坡度标高线，较厚部位采用细石混凝土找平，找坡混凝土与砂浆面层宜一次性完成，并在沟一侧设置排水槽。浇筑前应清理沟底积水、杂物，并进行扫浆。浇筑时应注意混凝土及砂浆，不得污染沟壁砂浆面层。混凝土表面用原浆压光，压光应在混凝土终凝前进行，应不少于 3 遍，压光后面层应无砂眼、凹坑、抹纹，表面应洁净、光滑。电缆沟沟底找平、压光如图 13-3 所示。

电缆沟成品示例如图 13-4 所示。

（9）电缆沟壁抹灰完成后，应进行覆盖浇水养护不少于 7 天。

图 13-3　电缆沟沟底找平、压光

图 13-4　电缆沟成品示例

第 14 章　变电站道路工程

1. 路基耕植土挖除

道路基础两侧以设计路宽为准，分别向外加宽，放出道路的路基灰线，根据此线进行路槽开挖。清除表层耕植土，开挖直至地下老土。暗沟、暗渠部分也必须清除至老土，基槽开挖宽度按要求放坡。

2. 排设各种过路管道

根据图纸设计要求，进行各种过路管道的排设，管道基层及上部回填按要求夯实。

3. 路槽碾压检验

路槽开挖完成后，排除路基积水，测定路床含水量并进行晾干，进行机械夯实并采用环刀法测试路基干密度。

4. 基层施工

（1）按设计要求，采用一定比例的石灰与土，在最优含水量情况下，充分拌和，达到均匀、颜色一致。灰土以手握成团，两手指捏即散为准。土料采用黏性土，土内有机质含量不得超过 5%，土粒应过筛，颗粒不应大于 15%。

（2）石灰采用Ⅲ级以上新鲜的石灰，使用前石灰消解并过筛，颗粒不得大于 5mm。不得夹有未熟化的生石灰粒，不得含过多水分。

（3）灰土应分段、分层回填，采用机械夯实，遍数按设计要求的干密度确认，应达到设计要求的干密度。灰土完成后，不得受雨淋，不得受水浸泡，并做临时性覆盖，灰土每层施工结束后，检查灰土地基的干密度。

（4）采用石灰、粉煤灰、石子进行机械搅拌均匀，并控制二灰结石的含水率，采用翻斗车运输至现场，摊铺平整，分层、分段碾压密实，分层压实系数满足设计要求，表面进行薄膜覆盖，洒水养护不少于 7 天。

5. 模板安装

（1）模板定位。根据定位放线安装道路模板，模板高度按设计要求，圆弧形边模根据图纸要求尺寸，采用钢板制作定型模板。为防止模板跑模，模板外侧采用钢筋固定。模板接口应平整，模板边沿顺直。模板上口向外侧略倾斜，倾斜度与路面坡度一致，模板与模板接缝采用玻璃胶填充补平，模板安装完成后，模板底部与垫层采用细石混凝土垫脚堵缝。道路圆弧模板如图 14-1 所示。

图 14-1　道路圆弧模板

（2）模板固定。槽钢模板端头加焊 18mm 钢筋，使槽钢与槽钢的接头平整，然后用木楔塞紧连接。端头固定采用木模时要求刨光，端头采用木板连接。模板外侧浇筑混凝土墩固定侧模，混凝土墩间距不宜大于 1.2m。模板安装好后应在垫脚混凝土和侧面混凝土初凝前对其侧模的标高、表面平整、通长顺直度进行复查调整。待模板外侧混凝土强度满足固定模板要求时方可浇筑混凝土。混凝土浇筑前模板内侧及顶部应涂刷隔离剂。道路的侧模安装如图 14-2 所示。

图 14-2　道路的侧模安装

6. 路面混凝土浇筑

（1）在搅拌现场安装计量器具，依据配合比对进料进行计量，计量应严格按照重量比。计量偏差：水泥、水应控制在 ±2%，粗细骨料应控制在 ±3%以内。

（2）混凝土搅拌时水灰比和坍落度要严格控制，搅拌时间不少于90s，确保拌和均匀，禁止有搅拌不均匀的生料进入浇捣地点。

（3）混凝土道路施工尽量采用滚筒振动机。

（4）混凝土振捣。混凝土摊铺时不能远距离抛投混凝土，混凝土铺满刮平后先用插入式振捣棒进行振捣，振点间距不大于 500mm，先两侧后中间，混凝土不能过度振捣。插入式振动棒振捣过后不允许有漏振现象。再用平板式振捣器复振，低洼部分添加混凝土找平，采用振动梁振出原浆，用直尺刮平，混凝土振捣时随时观察侧模的情况，发现问题应及时纠正。

变电站道路的混凝土浇筑如图 14-3 所示。

图 14-3　变电站道路的混凝土浇筑

（5）路面压光。振动梁振完后禁止施工人员在振好的混凝土上随意走动。待混凝土水分略干后（操作人员应根据气温情况灵活掌握）用磨浆机磨出面层砂浆，再用定制刮尺进行刮平。路面压光要求至少为四遍。待混凝土表面无水膜时进行第一遍人工压光，同时处理好边角及细部，要求压实平整，待混凝土开始凝结即进行分遍抹压面层，压光机压光时不得漏压，将面层凹凸不平和脚印压平，在混凝土终凝前完成压光，压光后要求混凝土平整、无抹痕、无接头印、无外露石子，颜色均匀一致。混凝土路面压光如图 14-4 所示。

图 14-4　混凝土路面压光

（6）路面胀缝设置：胀缝留设间距以 15~20m 为宜，在道路与建构筑物衔接处，道路交叉处必须做胀缝。胀缝必须上下贯通，缝宽按设计留置。胀缝应与路面中心线垂直；缝壁上下垂直，缝宽一致，缝中不得连浆；缝隙上部应浇灌填缝料，下部应设胀缝板。混凝土路面胀缝的留置如图 14-5 所示。

图 14-5　混凝土路面胀缝的留置

（7）胀缝的处理。道路完成后胀缝内清理干净，胀缝两侧粘贴美纹纸，采用沥青砂浆灌缝，使用 14 ~ 16 方钢，用火加热后烫压平整，上口低于路面 1.5mm。混凝土路面胀缝处理如图 14-6 所示。

图 14-6　混凝土路面胀缝处理

7. 路面缩缝切割

当混凝土达到设计强度的 25% ~ 30%时可进行缩缝切割，以切割时不出现缺棱掉角为宜，缩缝切割的深度应不小于路面厚度的 1/3（从顶面算起）；缩缝留设间距以 4~6m 为宜。

8. 路面养护

路面混凝土养护要派专人负责，并在浇筑完成后 12h 内开始，使路面一直保持湿润状态，养护期一般为 14 ~ 21 天。路面养护期间严禁行人、车辆在上面走动，直至混凝土强度达到要求后方可通行，通行速度不得大于 5km/h，防止车辆刹车破坏或污染道路面层。混凝土路面养护如图 14-7 所示。

变电站道路成品如图 14-8 所示。

图 14-7　混凝土路面养护

图 14-8　变电站道路成品

第 15 章　二次灌浆和保护帽施工

1. 二次灌浆质量控制要点

（1）螺栓插入前应检查预埋地脚螺栓是否带弯钩，否则不能埋入。

（2）螺栓插入后，用专用固定角钢模具调整其水平位置、垂直度及顶部的高度，并予以固定。

（3）浇筑时应分层灌入分层振捣，每次不得超过 200mm。每次灌浆开始后，必须连续进行，不得间断，并尽可能缩短灌浆时间。

（4）浇筑完后，顶部要进行抹光，清除地脚螺栓或支架表面水泥浆。

（5）地脚螺栓露出部分用黄油涂抹后采用麻布保护。

2. 保护帽质量控制要点

（1）根据构支架的直径设置专门的定型模板，建议采用六边形或正方形保护帽。

（2）浇筑前检查构支架接地或电缆保护管是否做好。浇筑时采用短钢筋进行分层灌入分层振捣，每次不得超过 200mm；浇筑至顶部时要留有一定坡度，以便排水，再进行收光。浇制时检查模板是否有偏移，即保证构支架在定型模板中心。保护帽支模如图 15-1 所示。

（3）拆模后注意不要碰及棱角，若有气孔等现象时要进行抹光。

（4）浇筑完后及时将构支架表面水泥浆清除。六边形保护帽如图 15-2 所示。

图 15-1　保护帽支模

图 15-2　六边形保护帽